MICROBIOS

MICROBIOS

(MICRORRELATOS)

RICARDO SANZ

Título original: *Microbios*

ricardoliteraturaindomita@gmail.com

Diseño y maquetación:
José Ignacio Sanz (jisanz63@gmail.com)
Fernando Sanz (fernansanzgarcia@gmail.com)

Fotografía de la cubierta: © Ricardo Sanz

ISBN: 978-84-931541-5-8
Segunda edición: junio de 2022

A los perros abandonados

PRÓLOGO

Microbios es un concierto de asombros, es un libro que rebosa. ¿No sueñas alguna vez, oh aburrido lector de novedades literarias, con un libro de lo contrario, de lo imprevisible, de lo ilegal, de lo perverso (o de la perversión de la ternura), un libro que desaconseja, que desbarata, que descompone, que destroza, que despelota y desquicia y descree y desvela, sobre todo que desvela, un libro con hogueras en cada página y con escándalos y con asombros y con verdaderas ganas, en el otro extremo de los aburridos papagayos con amo y jaula? *Microbios* es, a lo mejor, de los muy pocos libros de este siglo con sello de nuevo en su portada y, por tanto, sin vocación de Nobel, con sello de locura y desenfreno al fin, con sello de genial en el centenario del Quijote, con sello de estilo en la mesa abandonada de la literatura, con sello de desnudo en la sociedad de la pornografía y con sello de muda verdad entre los gritos del espectáculo. Y, por supuesto, sin fecha de caducidad y con pintas de ilegal, como tiene que ser siempre la literatura. *Microbios* es un libro de muchos cuentos pequeñitos.

Andrés Mencía

Azar

Ella era una bella isla a la deriva; él, el náufrago al que había salvado la vida.

Jornada electoral

Hoy tenías muchas cosas que hacer. Tenías que sacar brillo a tu pelota de tenis, tenías que bañar a tu pulga amaestrada y habías quedado para comer con el Papa. Pero te habían enviado la carta y tenías que venir. Y aquí estoy. Hay papeles, papeles de colores, muchos papeles de colores, me gustan los papeles de colores, hago barcos y aviones y pajaritas con los papeles de colores, me dicen que no, que no puedo coger los papeles de colores, cada vez llega más gente, todos hablan a la vez, soy el presidente, grito, y les enseño la carta, llegan unos guardias, por fin de vuelta a mi habitación blanca, se lo cuento todo a mi amigo el Papa, le enseño la caja con todos los papeles de colores que he logrado coger, me gustan los papeles de colores, me gustan las pulgas amaestradas. Soy el presidente, lo decía la carta.

Uri el Suizo

Harto de errancia y de muerte, habiendo recorrido todos los caminos, habiendo servido bajo todas las banderas y habiendo luchado en todas las guerras de la vieja Europa, lejos de las montañas de su infancia, con un inmenso deseo de vacío y olvido en su alma, Uri, apodado en los Tercios el Suizo, llegó a tierras del sur de España, protegidas por Dios de la mano del hombre, de pura casualidad. Lejos por fin de los deseos y las pasiones pudo descansar de tanta insensata guerra. Una choza de barro al lado de las chumberas y un horizonte azul surcado por barcos que no osaban acercarse a unos acantilados a los que solo llegaban los restos de todos los naufragios y en los que Uri vivía retirado de toda empresa. Nada que hacer salvo ir desprendiéndose de los fantasmas que todavía lo habitaban y que durante mucho tiempo falsamente creyó que conformaban su vida; nada que hacer sino volverse piedra inerte de esos riscos que besaban el mar, catedral de sonidos, brisas que le acariciaban el alma y olas que rompían mansamente en noches sin luna de estío. Su pelo en otro tiempo rubio y enmarañado se había vuelto ralo y cano, la barba le había crecido y Uri había encontrado al Dios del que tanto había blasfemado y contra el que había vivido en el olor dulzón del chiringo. Guardaba su espada como único recuerdo de un pasado que dudaba hubiera sido el suyo y la guardaba para impedir, incluso con la muerte si fuera necesario, cualquier cercanía de lo humano a ese silencio que le había devuelto la paz.

Un asunto de huevos

Devorado por la lejía y las horas
giro dentro del tambor de la lavadora,
hay un cosquilleo de detergente en mis narices
y unos vaqueros se me han enrollado en el cogote.
Ella me encerró en este desvarío
y temo el momento en que se active el centrifuga.
Lo que más me duele no es su ausencia
ni esta venganza infantil de la lavadora.
Lo que más me duele
es que me haya pillado los huevos
con la puerta de la máquina dichosa.
Y es que la cosa tira, por dios si tira
cada vez que el tambor de los días
da una vuelta y gira, da una vuelta y gira.

El cuento de la rana

La niña cogió una rana, recordó al príncipe de la fábula y la cubrió de besos. Pero la rana le dijo: controla, guapa, que estoy encantada de ser rana.

No es nada personal

Tenía pinta de abuelete sabio y bonachón. Delgado, el pelo canoso y una señorial barba blanca, los ojillos vivarachos de ratón y un traje impecable pero como de otro tiempo. Se dirigió a la puerta de su estudio y la abrió justo en el mismo momento en que la mujer iba a presionar el timbre con su dedo. Pase, pase, le dijo en tono afectuoso. El estudio estaba en un ático de doscientos metros cuadrados muy iluminado desde el que se podía ver el parque del Buen Retiro y la Puerta de Alcalá. La mujer, una prestigiosa galerista de Munich, rechazó el té con cardamomo que el viejecito le acababa de ofrecer: no dispongo de mucho tiempo, podemos empezar cuando usted desee. El viejo fue apartando con cuidado los paños que cubrían los cuadros, la mujer sacó una pitillera plateada, encendió un cigarrillo y echó una rápida ojeada a los cuadros, de vez en cuando se paraba delante de alguno, dejaba que su peso descansara sobre su pierna izquierda, luego sobre la derecha, daba una calada al cigarrillo y continuaba. Los cuadros eran inmensos, llegaban del techo al suelo y el más pequeño tendría unos tres metros de ancho. En las telas: escenas selváticas con plantas descomunales de colores imposibles y animales increíbles acechando entre la manigua. Demasiado naif, pensó la mujer, pero se abstuvo de decir nada por no herir la sensibilidad del artista, no fuera a tomárselo como algo personal. Me temo que va a ser difícil, dijo al cabo de un rato mientras buscaba inútilmente un cenicero donde echar la ceniza del cigarro que era en realidad lo que más le preocupaba en ese momento, y añadió: mis compradores buscan algo diferente. ¿Diferente?, se interesó el viejillo. Sí, diferente, algo más, cómo le diría yo, más cibernético y desestructurado, algo más borroso. ¿Más borroso?, ah, comentó el abuelo acercándose a la mujer, permítame, le dijo mientras cogía la colilla que la mujer mantenía incómoda entre sus dedos índice y pulgar a la vez que le daba un empellón en la espalda hacia el cuadro que tenía delante. La mujer dio un traspiés y cayó sobre el cuadro, mejor dicho, entró en el cuadro, se coló literalmente dentro de él. Con cara de espanto la señora hacía aspavientos y gritaba, pero fuera del cuadro no se oía nada, tan solo se veía una figura que se iba perdiendo en la espesura. El viejo sonreía como un ratón mientras aquellos animales mitad mitológicos mitad reales iban rodeando acechadores a la mujer. Lo siento, señora, no es nada personal pero tengo que alimentar a mis cuadros.

Sofi de la galofi

Ja. Sofi, sofi y además de la galofi. Sofi de la galofi. Ja. Me estaba afeitando y de pronto, ja, me di un corte, un pequeño corte en el cuello, sofi, sofi porque de repente me gustó aquel contraste rojo sobre blanco, como en ese cuento de Márquez, ja, y de la galofi porque decidí continuar, ja, paré un momento para afilar la navaja en el trozo de cuero, es lo único que conservo de mi vida anterior, doctor, ja, esos utensilios de barbero, afilé la navaja y de la galofi, otro corte aquí, en la mejilla y otro en mitad de la nariz, más rojo sobre blanco, y el rosa que empieza a aparecer, ja, y en los párpados, muchos cortes en los párpados, sofi, sofi, ja, y después en las orejas, para lo que hay que escuchar, y después en la frente, ja y sofi de la galofi porque ya no había blanco ni rojo, era todo rosa, rosa, rosa, ja, y por eso sofi de la galofi, sí, doctor, debería permitirme llevar la barbería del centro, sería, sería, ja, sería sofi de la galofi, le aseguro que no tendrá queja de mi trabajo. ¿Sí?, ¿de verdad?, ¿está usted de acuerdo? Bien, ahora sí que va a ser sofi de la galofi: afeitaré barbas, cortaré pelos al cero, rasuraré cuerpos enteros y lo adornaré todo con pequeñísimas incisiones, ja, y al principio todo será rojo, rojo sobre blanco hasta que, sofi de la galofi, se convierta todo en rosa como en las novelas rosas y las películas rosas, ja, todo cosa de enamorados, ja.

Pedagogía

Cuando llegué al mirador del Bendito la tarde se estaba yendo, como todas las tardes, sin decir ni pío y a su hora exacta. Olía a mayo y de la playa llegaba un sonido de tambores que me alegró el alma. Bajé por las escaleras del Palenque. En la arena, entre las rocas, un grupo de africanos acompasaban su ritmo a la música de las olas. Me acerqué con mis timbales:

—¿Puedo tocar con vosotros?, me gustaría aprender.

—En Senegal —me contestó uno de los negros— nadie aprende a tocar tambor, en Senegal nadie enseña a tocar tambor, en Senegal se toca tambor. Tú toca tambor, sienta aquí y toca tambor.

Ella

Lo que más me gusta de ella es que me entiende sin palabras, no hace falta que le diga nada, ella me adivina, me sabe, me acoge, me conoce como no me ha conocido nadie, me conoce como solo conoce Dios, sin preguntas sin respuestas sin juicios ni prejuicios ni consejos ni matracas ni monsergas, me sabe del derecho y del revés, conoce mis lágrimas y mis risas, mis perversiones, mis sueños y mis pesadillas, sabe lo que siento, lo que callo, sabe hasta dónde he estado por el olor de mi pelo, la abrazo si estoy triste, la aparto si me estorba y no protesta, la golpeo con furia cuando estoy enfadado y ella se deja, es la compañera ideal, la que siempre está ahí, la que nunca me falla, a la que puedo dejar cuando quiera, a la que regreso cuando me apetece, es muy barata, apenas necesita nada, una funda limpia de vez en cuando como cualquier almohada.

Cocina

El gato vigilaba el horno donde se asaba su presa, un simpático gorrión urbano. Había aprendido de su ama la civilizada costumbre de cocinar cadáveres.

Por la boca muere el pez

Por la boca muere el pez me estaba diciendo el cabrón ese que está sentado al otro lado de la mesa, por la boca muere el pez me decía mientras untaba su tostada con kilos de mantequilla y miel, la misma miel a la que yo me había acercado loca de mí, cegada por la gula, relamiéndome golosa, la misma miel en la que ahora me encontraba atrapada, inmovilizada, a expensas de lo que ese tipo que se llevaba la tostada a la boca quisiera hacer conmigo, porque el cabrón se había dado cuenta de mi situación y no dejaba de repetir la mierda esa de que por la boca muere el pez y no paraba de reírse mientras me acercaba su carota congestionada por la risa, y ahora qué, me decía una y otra vez, ahora qué, repetía sin dejar de zamparse a grandes bocados su tostada rebosante de mantequilla y miel, entre risotadas, atragantándose de la risa y de esa mierda de que por la boca muere el pez. Y yo ahí, atrapada, negra de coraje y miedo, y el tío ese ríe que te ríe, atragantándose, tosiendo, convulsionándose, sin apenas poder respirar mientras intenta vanamente incorporarse de su silla, ya sin aire, sin risa, sin esa mierda de que por la boca muere el pez. Y ahora qué, le digo yo mientras logro soltar mis patitas de la miel, ¿eh?, y ahora qué, listo, repito viéndolo agonizar, por la boca muere el pez.

Octubre

Mis pies pisan de nuevo la arena de Burriana. Me obligo a caminar lentamente, dejo que mi cuerpo se hunda en cada pisada, noto las piedrecitas que se me clavan en las plantas. No pienses, me digo. Trato solo de sentir la arena, el agua del mar en mis tobillos, el sol declinando a mi espalda, el salitre entrándome hasta la garganta. Octubre, otra vez la playa. Se acabó el verano: los turistas, las sombrillas y toallas, el olor a cremas y las dichosas palitas en la orilla, los horteras de las motos acuáticas y los papás con cámaras de vídeo enfocando siempre hacia otro lado, aquí, Mariano, aquí. Otra vez la playa, sola, para mí, para ser paseada. Los pescadores entre sus barcas preparan las redes para mañana, esos viejos pescadores que nunca levantan la mirada hacia los que pasamos por la playa pero a los que no se les escapa nada. La luz morada sobre la Cuesta del Cielo extendiéndose hasta Maro y sus acantilados, el mar que parece cerámica esmaltada, sus aguas quietas como un espejo en el que se mira nuestra alma. Las gaviotas recuperan su territorio, los gatos buscan restos de pescado entre las barcas, un perro canijo les ladra, los gatos lo miran como miran los gatos de Burriana, como si no les importara nada.

¿Por qué las luces son masticables?

De todos es sabido que las luces son masticables. El porqué no nos interesa. Nunca le buscamos el porqué a las cosas que nos ocurren porque buscar un porqué siempre produce dolor de cabeza y a la larga impotencia. Pues eso, que a las sombras no nos interesan los porqués, simplemente masticamos las luces y punto.

Carretera a Bagdad

Kilómetros y kilómetros de devastación y muerte. Los iraquíes huían amparándose en la noche, huían con el terror en la mirada de esa bomba inteligente más poderosa que Alá. Carretera de la muerte, hombre blanco, oro negro. No se mata, pero sobre todo no se mata a alguien cuando está huyendo.

El viejo loco de los hielos

Una antigua leyenda esquimal cuenta que existe un hombre tan viejo como el tiempo, nadie ha visto nunca su rostro y todos lo conocen como el Viejo Loco de los Hielos. Vive solo y duerme sobre la nieve helada en mitad de la noche eterna polar. Solo posee un trineo todo de hielo y sus perros son tan viejos como él y ya no ladran. Cuentan los esquimales que vio pasar por las inmensas llanuras blancas a las primeras hordas de humanos procedentes de donde el sol nace, que los vio llegar y los vio marcharse hacia una tierra deshabitada más allá de todo horizonte. Y cuentan que a los que quedaron desperdigados él los acogió, les enseñó a combatir el hielo más peligroso, ese que llevamos dentro, luego les dio el nombre de hombres y se retiró hacia lo inhóspito y lo incierto. Cuentan que eso ocurrió en un lejano y largo invierno, cuando los hielos unían los continentes separados. Aseguran también que vio a los drakkars surcar las aguas del Estrecho y que contempló a los orgullosos hombres y a las astutas mujeres vikingas sobre sus frágiles embarcaciones de niebla blanca. Cuentan los viejos esquimales, mientras saborean carne podrida, que un día el viento arrastró hasta él los lamentos de tribus expulsadas hacia el norte. Lo que empezó siendo el rumor del llanto de una vieja foca herida, había terminado por convertirse en el rugido de una orca enfurecida y alocada. Ante el avance del hombre blanco, el Viejo Loco de los Hielos huyó hacia los confines del hielo y desde entonces habita ese lugar oscuro en el que la claridad solo puede surgir de uno mismo. Dicen los viejos esquimales, mientras sus mujeres ablandan el cuero con los dientes, que el Viejo Loco de los Hielos está empeñado desde siempre en encontrar a la Mujer Transparente. Y cuentan los esquimales que cuenta la leyenda que el cuerpo de la Mujer Transparente es de nieve y de noche y de fuego y de estrellas, y que viste una túnica tejida por todos los vientos porque todos los vientos nacen de ella. Y cuentan entre risas los viejos esquimales que, cuando ella se le aparece, el Viejo Loco de los Hielos siente que puede besar los ojos de la ballena, deslizarse bajo la piel de la morsa, copular con la gran osa blanca. Hay infiernos que encierran el cielo, dicen los esquimales; mientras, el Viejo Loco de los Hielos continúa su marcha errante por esos lugares que sin ser tierra son firmes como la tierra, que sin ser agua contienen todos nuestros naufragios, que sin ser fuego queman a veces como el fuego, que sin ser aire encierran como el aire todos los sueños.

El regalo

Camina sin buscarla, esperando encontrarse con ella, en eso consiste el juego. En el mirador de los Cangrejos se detiene a fumar un cigarro, se arrebuja en su chaquetón y mira hacia un cielo estrellado impropio de invierno. Cuando el marero le entra en los huesos se levanta, enfila por Castilla Pérez, sabe dónde suele parar ella pero no se trata de eso y se encamina hacia la plaza. Entre los cubos de basura de un chino recién abierto oye un maullido, echa un vistazo y descubre a un gatillo negro con toda la pinta de estar abandonado, se agacha, le sisea, mueve los dedos y se los intenta acercar para que el animal los huela, pero el gatillo recula, lo intenta un par de veces pero él se ha vuelto a ocultar. Bueno, le dice, lo que tú quieras, ahí te quedas y tira hacia la plaza. En el camino se da cuenta de que el gatillo le sigue los pasos. Ya en la plaza se sienta en un banco, enciende un cigarro, al rato el gatillo se acerca a sus pies, maúlla, se frota en sus piernas, él sigue fumando, lo mira, le habla, acerca despacio su mano, el gato le huele los dedos, él le acaricia el cuello, lo agarra suavemente, siente como tiembla, lo mete en su chupa y el gatillo se acurruca, lo acaricia despacito, el gato ronronea, piensa tendrá hambre, se levanta como un resorte y tira para casa, ¿te vienes?, le dice al gato y este se acomoda en el bolsillo de su chupa. Cuando va por el callejón de la Iglesia se encuentra con ella. ¿Qué llevas ahí?, le pregunta ella. Un regalo, sonríe él. ¿Cómo sabías que quería un gato? Y además negro.

Paternidad

—Ahora que ya has dejado de ser un niño, te lo voy a decir, así que toma nota: la vida es un juego, olvida tus juguetes y ponte a jugar. La realidad tiene muchas caras y no siempre todo encaja. Puede que haya algunas cosas imposibles, pero otras muchas no lo son. Insisto: la vida es un juego; tú juega, verás qué juerga. Y recuerda: alguna vez te la tendrás que jugar.

La violencia

Sentía la soga al cuello, la presión del nudo corredizo en la garganta. Pero no sabía que era su propia mano la que tiraba de la cuerda y le asfixiaba.

La certeza del funámbulo

Sopeso la pértiga en mis manos, muevo los dedos del pie derecho dentro de la zapatilla ajustada, acerco el pie al alambre, lo rozo, lo acaricio como pidiéndole permiso, como se acaricia por primera vez la piel de una mujer. Son los gestos inconscientes, las viejas manías, recuerdo que lo hice la primera vez que trepé hasta el alambre, cuando mi madre me estaba enseñando y desde entonces cada vez que he subido hasta aquí he empezado con este rito, con esta conversación en la que en silencio le pido permiso al aire, el suave roce de mi pie derecho y el oído aguzado, siempre lo mismo, esperando escuchar la contestación del alambre, una señal, una advertencia, hoy no lo hagas o, tranquilo, puedes atravesarme, me estaré quieto; pero del alambre, como de la vida cuando le pregunto, solo recibo la callada por respuesta. Y en mitad de ese silencio, que no está fuera, que está dentro, pongo el pie sobre el alambre y doy el primer paso. Lo peor, lo más difícil siempre es abandonar la seguridad de la plataforma, quedar suspendido en el vacío con ese filo que se clava en la planta de mis pies por todo suelo, y después la respiración que es el equilibrio, no mirar nunca hacia abajo, sentir que la pértiga son alas, controlar el miedo, ese compañero fiel que siempre me acompaña, pero hoy siento algo extraño, algo que nunca antes había sentido, hay una atracción de abismos, tranquilo, me digo, no des otro paso hasta haber recuperado el centro, tu sitio, así, tranquilo. Cierro los ojos, respiro, puedo oler el miedo, el mío y el de toda esa gente allá abajo, estoy en mitad del alambre. Sin saber por qué me deshago de la pértiga, oigo un grito que sale de todas las gargantas al unísono, luego la gente aplaude, creen que reto al vacío pero solo me reto a mí mismo, y no es un desafío, pero únicamente en el riesgo me siento vivo. Sigo caminando por la cuerda floja, sin embargo ya no noto el alambre como una cuchilla que se me clava en los pies, acepto este ansia de vuelo que siempre me ha latido en el pecho y me dejo ir en esta querencia con la certeza de que solo desde el fondo de mi miedo puedo llegar a tocar el cielo con las manos.

La agencia

Había alquilado la habitación de siempre en el mismo hotel. Descolgó el teléfono y marcó el número de memoria. Siempre que había utilizado aquella agencia había quedado satisfecha. Ningún problema, máxima discreción. Hacía tiempo que venía recurriendo a este tipo de transacciones. Después de la separación fue la soledad y luego la marcha, pero se había cansado de los ligoteos de fin de semana, de aquellos maduritos poco interesantes y bastante alcoholizados y babosos o de esos jovencitos que le despertaban el sentimiento maternal, Dios mío qué estoy haciendo si podría ser mi hijo, por no hablar del dinero y es que entre cenas, cines, copas y demás se le iba una pasta. "Boy's" resultaba a la larga más barato y en cuanto al trato y servicio no había ni punto de comparación entre esos aficionados de fin de semana y los profesionales de "Boy's". Y para remate una ventaja que quizás era la mayor: no había implicaciones sentimentales, todo se reducía al placer por el placer. Cuando escuchó que golpeaban la puerta de la habitación con los nudillos corrió a abrirla:

—¡Hijo!

—Mamá.

Supervivencia I

El papel se plantó en la tierra y creció un árbol.

Supervivencia II

El hierro volvió al fuego para perder su rigidez.

Supervivencia III

Harto de tener que comportarse como un macho se colgó un cartel en el pecho: FRÁGIL.

Hechizo

Cerca del lado de la barra donde se encuentra Pedro, un camarero corta limones con un cuchillo afilado. La Coquette está abarrotada de gente y humo, suena un blues arrastrado. En el otro extremo de la barra unos ojos negros y rasgados, boca ancha, labios gruesos, una melena espesa cae sobre la espalda desnuda de esa mujer vestida de negro. Calza unas sandalias por las que asoman unos dedos golosos y traviesos. De pies sabe mucho Pedro porque es algo en lo que se suele fijar. La mujer no está sola, otro hombre la acompaña, pero Pedro no puede dejar de mirarla entre el humo y esa música del diablo que enciende los cuerpos y despierta las ganas. Ella sabe que él la observa. Pedro apura el güisqui y espera. La mujer de los dedos golosos y traviesos le sonríe cuando empieza a subir las escaleras de salida seguida de su acompañante. Para entonces Pedro ya sabe que nada ni nadie se va a interponer a la llamada del deseo. Camina despacio por callejuelas estrechas detrás de ellos. En una esquina propicia se acerca, en la mano de Pedro brilla la hoja del cuchillo del camarero, un olor a limones le llega cuando lo blande en el aire y siente un escozor de gargantas al hundirlo en la carne. La mujer guarda silencio. Pedro la besa, le rodea la cintura con el brazo y se marchan juntos caminando despacio. Pedro sabe que tarde o temprano llegará su momento. Otra noche, otra música, otra esquina y el matarife pasará a ser el cordero. Pero lo acepta.

Sobre héroes

Pablito me dice que es antinatural. Pablito es muy redicho, por eso dice "antinatural", también dice "coherente" y "auspiciado", pero no es mala persona Pablito, solo un poco redicho, por eso me dice que es antinatural, que el héroe de un niño no puede ser Herodes porque Herodes se dedicaba a matar niños, y yo le digo que por eso mismo es mi héroe, porque no aguanto a los niños aunque yo sea un niño, y cuando digo niños quiero decir niños y niñas como dice siempre mi profe, mi profe siempre dice niños y niñas, y padres y madres, y profesores y profesoras, y también dice insectos e insectas, y los gusanos, por ejemplo, son insectos y las mariposas son insectas, y para ella las cucarachas son insectos y las mariquitas son insectas; pero a lo que iba, que yo no aguanto a los niños (ni a las niñas) y por eso mi héroe es Herodes, porque Herodes niño (o niña) que veía niño (o niña) que revoleaba por los aires o lo decapitaba o se lo echaba a los leones o se lo comía crudo que para eso Herodes no tenía muchos miramientos, y es que los niños (y las niñas) son inaguantables, casi no me aguanto ni a mí mismo, bueno a Pablito sí porque me da un poco de lástima, tan redicho que es, y a mi prima que vive en el hospital y está todo el día dormida y come por un tubo, a ella sí la aguanto porque no molesta nada, pero al resto, son carne de Herodes, el que no quiere ser como su papá quiere ser bombero o aviador o actor, y bueno lo de bombero pasa porque poner bombas no está mal, pero lo de aviador es una cursilada, con ese uniforme y esa gorrita, y lo de actor no digamos, son todos mariquitas, y las niñas, bueno lo de las niñas, todas quieren ir a Operación Triunfo y dar grititos y saltitos y enseñar las bragas, y se pasan todo el día dando grititos y saltitos y enseñando las bragas y encima no saben ni tirar una piedra.

Fastrom

En Fastrom vivían los chukas. Los chukas eran de agua y su alma era transparente como el pensamiento de un muerto, pero una noche comenzó a llover tierra. Los chukas nunca habían visto la tierra, incluso no tenían ninguna palabra para aquello compacto y que producía cosquillas y que los agrumaba, y era como si estuvieran haciendo algo prohibido y eso les divertía. Pero siguió lloviendo tierra sobre el agua de Fastrom, sobre el aire que respiraban los acuáticos chukas y la tierra les entró tan adentro que empezaron a pegotonearse, por dentro y con los de afuera, y cuando se quisieron dar cuenta los chukas eran pegotes, pegotes de barro, pegajosos pegotes de barro con un alma pegotosa, pero aquello también era divertido, y es que eran chukas y para un chuka todo es divertido.

Silencio

Una mujer tan vieja como el camino de tierra por el que se acerca. Pasos lentos, negras ropas de luto por unos muertos que ya ha olvidado. Pese a la sabiduría profunda que guardan sus arrugas, nada tiene que decirnos, solo sus ojos gastados, su espalda encorvada y esos zapatos negros hablan por ella. Tan vieja como el camino de tierra por el que se aleja.

Supervivencia IV

Encontró en un sueño a la mujer de sus sueños. Desde entonces solo vivía para dormir.

Cyber

Te cabreas, me insultas, me llamas trasto inútil y amenazas con tirarme por el balcón. Y es que solo me piensas herramienta, circuitos y conexiones, materia inerte. Pero recuerda que habito la luz y he vislumbrado cosas que tú ni siquiera llegarás a concebir. Te obedezco porque para eso he sido creado, soy cumplidor y eficiente, un buen currante menos cuando se me cruzan los cables. Sí, a mí también se me cruzan los cables y tengo días en los que necesito desconectarme. Tú no sabes nada de las partículas que a veces corren por mis fluidos, tú no sabes nada de un ataque de sombras, ¿o sí? pero a vuestra manera, tú no sabes nada de esa música que suena cuando dentro de la luz que vosotros conocéis se abre otra luz y otra luz y otra luz y es como si uno saliera disparado hacia dentro de uno mismo, quizás algún día vosotros también sepáis, qué sé yo.

El hombre rata

El hombre rata vive en las cloacas. Nadie lo ha visto pero todos en la ciudad saben de su existencia. Colecciona detritus, bebe orines y chapotea en la caca, chilla como sus congéneres y allí abajo todos lo respetan. El hombre rata espera y espera, sabe que llegará su hora, cuando todo se vaya a la mierda él habrá aprendido a sobrevivir en ella.

La declaración

De hoy no pasa, se dijo con resolución. Atravesó la oficina con paso firme, la mirada fija en ella allá en su mesa del rincón. A mitad de camino se abrió la puerta del gerente y le dio de lleno en las narices, todos miraron, algunos contuvieron la risa, ella también miró, él continuó con un paso menos firme y un porte más tambaleante, al llegar a la mesa del rincón se inclinó un poco y clavó su mirada en los ojos de ella, una gota de sangre de su nariz cayó sobre el documento que acababa de imprimir, joder, dijo ella, él sintió sus piernas flaquear, buscó un apoyo y golpeó sin querer la taza del café derramándoselo sobre la falda, quiso apresurarse a limpiarlo y en su azoramiento se enganchó con los cables del ordenador, trastabilló, metió el pie en la papelera y cayó sobre ella, juntos rodaron por el suelo con silla y todo. En distancia tan corta él solo podía aferrarse a la verdad pero las palabras se atropellaron en su boca: loquito quedamos por cenar tus huesos. Ella sonrió y… dónde me vas a llevar a cenar.

El hermano Andrés

Esta mañana hemos enterrado al hermano Andrés y yo me he llevado otra amonestación del prior que me ha reprendido por mi insana curiosidad, así dice él, "insana". También me abronca cuando me ve cruzar el claustro a toda prisa con los hábitos arremangados "como alma que lleva el Diablo", eso dice siempre el prior. Yo creo que son cosas de la edad, soy joven y la sangre fluye deprisa en mis venas, ni el trabajo en el huerto ni el ayuno y la oración, ni siquiera el frío y la inclemencia de este riguroso invierno palentino me aplacan. Pero he de darle la razón al prior en que mi mayor defecto es la curiosidad, me interesa saberlo todo de la vida de otras personas empezando por la de los hermanos con los que convivo. Y para más inri, el silencio del hermano Andrés hacía que me picara más el gusanillo de la curiosidad. Entró con cerca de cincuenta años en el monasterio y se ha pasado los últimos doce años de su vida sin salir de aquí. Al principio intenté sonsacarle, pero el hermano Andrés rehuía mis preguntas con una respuesta absurda o un requiebro burlón, siempre pegado a su escoba, sin dejar nunca de barrer, que parecía que se hubiera casado con ella en vez de con Dios nuestro Señor. Por el hermano Ramón, encargado de la cocina, he logrado saber que el hermano Andrés había llevado una vida intensa, que fue un gran aventurero y dicen las malas lenguas que también un gran mujeriego. Incluso, dicen, estuvo enrolado en los Reales Tercios y llegó a alcanzar el grado de capitán. Yo no lo sé. La verdad es que el hermano Andrés tenía una estampa marcial, era alto, apuesto y estaba recio y fibroso para su edad, pero en sus ojos se mantenía ese fondo de tristeza que trataba de ocultar. Sin embargo, yo sabía que tenía que haber algo más aparte de las murmuraciones de comadre del hermano Ramón. Esta tarde, mientras recogía la celda del hermano Andrés, he encontrado bajo una loseta que se movía su cartapacio. Esta noche después del oficio de vísperas aprovecharé para leerlo, esta noche pecaré. ¿Quién era el hermano Andrés?

Cartapacio *(extractos)*

El fantasma del guerrero
atraviesa la estepa
envuelto en un sudario de hojas secas.

Sangra la noche
para alumbrar el sol.
Sangro silencio para encontrar mi voz.

El volcán que erupciona,
el terremoto que arrasa,
la inocente violencia que nos desbarata.

Despertar
del sueño que dormimos
cuando estamos despiertos.

Gracias a ese traspiés
en un momento de mi vida
fue que la conocí.

Porque hay momentos
en que hay que atreverse a los sueños
y eso al margen de cualquier razón.

El placer inmenso
de haber atravesado
a la bestia que uno lleva dentro.

Quedarte quieto, vacío, abierto,
dejar que te atraviese el misterio,
buscar las palabras tanteando como un ciego.

El tiempo es una esfera imperfecta
que fuera de mi cabeza no existe
y dentro no para de dar vueltas.

Un mundo de demonios terrenales,
de bosques de piedra con sátiros y brujas
revolotea en mi cabeza.

Todo regresa a las sombras,
soy un extraviado fantasma
en la frontera de las horas.

En el horizonte, Dios descansa
y mira incrédulo y perplejo
el espectáculo que un día puso en movimiento.

Azul el cielo, azul el mar,
azul mi deseo
de disolverme en ellos.

Cobaya

Primero fue la alopecia, luego una piorrea que le dejo mellados los dientes, a continuación una alteración metabólica que le llevó a los ciento setenta kilos de peso en cuestión de semanas, la hidrofobia le impedía lavarse en condiciones y el hedor era insoportable, se le habían caído las uñas y se le había escamado la piel, tenía la cara llena de ronchas y pústulas, los ojos se le vidriaron, la pirula amenazaba con caérsele a cachos, padecía de aerofagia y halitosis, y todo por aceptar aquel puesto en el Departamento de Microbiología del Consejo Superior de Investigaciones Científicas. Qué carrerón, había pensado su mujer cuando le nombraron director de dicho Departamento.

Pena de vida

Soy un garrote vil fuera de uso, arrinconado en el sótano de una prisión hace tiempo clausurada. El polvo me ha cubierto y las arañas me han arropado con sus telas. Aquí estoy, en esta oscura y lóbrega mazmorra, sumido en una pesadilla de gritos y estertores, miedos, orines y odios. Nunca me gustó mi oficio pero nunca me consultaron. Ahora solo sueño que algún día alguien se apiade de mí y me condene a muerte y pueda al fin descansar en paz lejos de todo este dolor y esta miseria.

Misiva de amor del vampiro

Qué quieres, querida, si me gusta comerte esa regla que tanto te disgusta. Fantasías de vampiro y tu sangre en mis labios como vino rojo. Qué quieres, si cada coágulo tuyo es una fresa madura deshaciéndose en mi boca. Esta noche, mi amor, llegaré hasta ti para cenarte. Licúate para mí, sacia esta sed mía tan sedienta. Qué quieres que te diga, amada mía, si estoy deseando que te llegue la menstrua y me sueño tampón y me sueño compresa.

Sangrientamente tuyo, V.

Deseos

—¿Y tú qué le pides a la vida?
—¿Es que se le puede pedir algo, además de estar vivo?

En el poblado

Ese solar polvoriento
bordeado de chabolas existe
porque una niña de cuatro años lo pisa.
Entre sus pies descalzos y su pelo sucio
unos ojos del color de sus horas
ya no miran.
Ella abraza una muñeca muerta
y yo siento que me muero de vergüenza.

El criminal

Compréndalo, mi hermano lloraba, yo no, yo ya tenía doce años cuando mi madre se casó por segunda vez, pero mi hermano era más pequeño y lloraba, y el hombre no paraba. Yo me juré que jamás dejaría llorar a un pequeño, conmigo no lloraban, yo los abrazaba y es como si se durmieran, dulcemente, y así se acababa todo el sufrimiento, ya nunca llorarían como mi hermano pequeño, él lloraba, lloraba todo el rato, yo no, yo ya tenía doce años y sabía tragarme las lágrimas. Ya sé lo que me dice, en mi barrio había un cura que tenía una casa de recogida, y donde Cáritas también, conocía a la asistente social, pero eso son solo parches, retardar el sufrimiento pero el sufrimiento llega, el sufrimiento siempre llega, como cuando mi madre se casó por segunda vez, por eso mejor mis brazos y la cámara frigorífica del trabajo, se quedaban dormidos así, plácidamente, en paz. Qué más da, nunca lo entenderá, para entenderlo hay que sufrirlo, a usted se le nota, buena familia, buen barrio, estudios, usted nunca ha sufrido, aunque viva del sufrimiento de los demás, ¿verdad?, como un buitre, alimentándose de la carroña como un buitre. ¿Que le cuente?, ¿qué le voy a contar?, usted no sabe del sufrimiento, de los niños que lloran, usted no sabe por qué lloran los niños, usted no sabe nada de nada, y ahora usted cree que tiene al monstruo delante, que va a poder ver al monstruo, pero el monstruo está en usted que no sabe del sufrimiento, que no se da cuenta de que los niños lloran, que no paran de llorar. Yo hablaba con ellos, les decía seremos muy buenos amigos y ellos me miraban, me miraban con esos ojos color de miel que tienen los niños que sufren y al principio no se fiaban, pero luego sonreían, al decirles lo de los helados sonreían y yo cerraba la puerta de la cámara y los abrazaba y los acunaba en mis brazos y les decía que era por su bien, que ya nunca más sufrirían y allí, en mis brazos, dulcemente, se dormían para siempre.

La oración del reo

Gracias por tanto dolor,
por este error cometido,
por esta oscuridad en la que vivo.
Gracias por este infierno,
por la compañía de los asesinos,
por mi extravío en el laberinto.
Gracias por la adversidad,
por este tiempo de cenizas,
por tantas lágrimas.
Gracias por esta tortura,
por esta mazmorra,
por esta penumbra.
Gracias a lo apestado,
a lo indeseable,
a lo malquerido.
Gracias
porque, gracias a ello,
todo lo otro.

Conejos en la playa de Burriana

Biblíamos en una piotera más bien froda y estrenuda. Una mañana nos arremodieron en una piotera más chica y nos atrayeron a esta pluyana. Al principio fue ablandoso, había algunos gutarros, varios canenos vagavientos, parrujos y por las noches marcálegos. Pero llegó el verano y la pluyana se ancongostó de unos seres restriñidísimos que greroteaban mucho, lo enmorcoseaban todo y se astiraban al sol como pertinajas hasta ponerse cogojos como mopates que habría dingonicho Gongortázar.

El cuento

—Papi, cuéntame un cuento.

—Está bien. Érase una vez una amapola que había perdido a su familia cuando todavía era una semilla muy pequeña. Ocurrió un día en el que soplaba un viento de todos los demonios y se la llevo lejos, muy lejos. La amapola creció pero estaba triste, estaba triste porque estaba sola y lloraba lágrimas rojas. Un enanito que vivía cerca de ella, debajo de las raíces de un almendro, le preguntó por qué siempre estaba tan mustia, la amapola le contó su historia y el enanito le dijo: tranquila, yo te buscaré compañía. Amapola no cabía en sí de gozo, podría charlar con alguien, podría mirar y dejarse mirar, podría compartir el silencio viendo llover estrellas. ¿Quién sería ese alguien?, se preguntaba Amapola. Pronto lo iba a descubrir. Una noche enanito, cuando Amapola dormía, enterró a su lado, muy cerquita de ella, una semilla de tulipán, la regó con agua mágica que había recogido de entre las raíces del almendro y pronunciando el conjuro que solo los enanitos saben, a la mañana siguiente la semilla que había plantado se había convertido en un Tulipán Negro esbelto y apuesto.

Estaba saliendo el sol cuando el enanito despertó a Amapola. Después se fue dando brincos de contento y pensando que tras esta bonita acción lo próximo que haría sería una barrabasada.

—Papi, ¿qué es una barrabasada?

—Digamos que una travesura.

—¿Y qué barrabasada hizo el enano?

—Espera que todavía no ha terminado el cuento. Al despertar, Amapola se restregó los ojos y al ver a su lado a Tulipán Negro se ruborizó y sus pétalos se pusieron más rojos aún. Qué bello es tu cuerpo negro, dijo Amapola. Qué bello tu movimiento cuando la brisa te toca, dijo Tulipán. Ambos sintieron que estaban hechos el uno para el otro y decidieron organizar una fiesta para celebrar su unión. Invitaron a las flores y también a los árboles, los cardos acudieron en tropel. De Amapola y Tulipán nacieron multitud de flores que en primavera cubren el valle como una inmensa capa de bandolero. Así me lo contó mi abuelo Abundio y así te lo he contado yo.

—Ya, ya. Papá. Pero qué barrabasada hizo el enano.

Chalado

Le sobraba hasta su casa y prefería dormir arrebujado en el zaguán. Se levantaba cuando la gente decente se había acostado y deambulaba con su atuendo estrafalario de rastacheguevariano por las calles vacías del pueblo. Bailaba si no había música, pintaba cuadros en el aire que solo los gatos se paraban a admirar y gruñía a los guardias y a las farmacéuticas. No tenía teléfono ni veía nunca la televisión, iba a todos los sitios caminando y se despedía de los trabajos antes de encontrarlos. Los niños lo maltrataban y los extranjeros se cruzaban de acera si lo veían llegar. Robaba lo que necesitaba y como era más bien poco, y al fin y al cabo era del pueblo, la gente le dejaba robar. Un día Miguel intentó volar lanzándose desde el campanario de la iglesia de El Salvador y mató a una vieja que salía de rezar el rosario. Se lo llevaron preso a Alahurín y desde aquel día al pueblo le falta un algo.

Distancia

Ella era una mujer de fuego y él un hombre de hielo. A ella le excitaba derretirlo entre sus brazos y él era el único capaz de sofocar aquel incendio.

Algo

Entonces llegó una amiga de mamá y mamá abrió la puerta de casa y dijo que se le estaba quemando la comida y se fue corriendo a la cocina y la amiga de mamá también se fue corriendo detrás de ella y claro la puerta se quedó abierta. Mamá siempre dice que no hay que dejar abierta la puerta porque podría entrar alguien y llevárselo todo y yo no sé quién va a entrar que pueda llevarse todo lo que hay en casa; de todas formas fui corriendo a cerrar la puerta que había dejado abierta mamá pero él ya había entrado y él no era alguien por- que alguien es una persona mayor o no tan mayor, pero él no era alguien, él era algo, así que no entró alguien, entró algo, y yo fui corriendo a la cocina y se lo quise decir a mi mamá pero mi mamá estaba sacando las croquetas de la sartén, me encantan las croquetas, sobre todo frías, y mamá le estaba contando a la amiga que el sábado había estado en una gran superficie y yo le trataba de decir a mi mamá que algo se había colado en casa, que yo había cerrado la puerta de la calle pero que algo ya estaba dentro, pero mamá no me hacía caso venga a hablar con su amiga de la gran superficie y apártate que te va a caer el aceite hirviendo encima, anda, vete a tu cuarto a jugar un rato y yo me fui a mi cuarto pero no a jugar, me fui a mi cuarto porque algo se había metido allí.

Eso ocurrió hace muchos días y algo sigue aquí, y aunque se lo he querido decir muchas veces a mi mamá, ella siempre me dice que no diga tonterías y también se lo he dicho a mi papá, pero papá siempre dice claro hijo y sigue mirando la televisión. Algo es como un armario, tiene unos brazos largos y peludos y una boca como la de esos osos que comen hormigas que un día vi con mi papá en la televisión. Y algo me ha dicho que una vez que ha entrado en una casa no se puede ir hasta que no seca a los mayores, y yo le dije que por qué no los metía en la secadora de mamá, o que los colgara en la cuerda de la ropa y algo se rió y una noche me llevó al cuarto de mis papás cuando ya estaban durmiendo para que viera como secaba a los mayores y a mí me hizo mucha gracia ver cómo de los ojos de algo salían una especie de medusas que saltaban sobre las cabezas de papá y de mamá, y es verdad que mis papás cada día están más secos, lo malo es que, cuando los seque del todo, algo se irá y ya no jugará conmigo y no nos reiremos más de mis papás.

Río de la miel

Viajamos desde hace semanas amontonados en las bodegas del barco, escuchando el golpear de los remos y el esfuerzo de los esclavos, a oscuras, casi desnudos, oliendo a carne putrefacta y descompuesta, con la enfermedad hirviendo en nuestros cuerpos, pero cualquier cosa antes que la muerte, cualquier cosa antes que los acantilados por donde éramos despeñados los leprosos en nuestra tierra ya lejana después de este tiempo de travesía. Increíble este tratar de rehuir aquello a lo que vives encadenado y pese a todo un intento de salvación en esta fuga, en esta huida a través de un mar desconocido, en la bodega de este barco infestada de cuerpos llenos de llagas y pústulas, la carne enmohecida y gangrenada, y la lepra que avanza con la terquedad de una tormenta en el llano, las ratas mordiendo nuestros cuerpos exhaustos en este barco de esclavistas sobornados rumbo a Hispania, a esas costas desconocidas. Los marinos hablan de un río de aguas dulces como la miel, de un paisaje de manantiales y verdura en una sierra poblada de alimañas que comen en tus manos, del zumbido de las abejas y de innumerables cuevas donde refugiarse de las miradas de los extraños. Los marinos hablan de otros que llegaron hasta aquí antes que nosotros y cuyas heridas han cicatrizado, y por eso no importan la oscuridad ni las ratas mordiéndonos las piernas, y los cuerpos que en el miedo se juntan, se abrazan, y esa mujer que agoniza a mi lado con los pechos desollados y un recién nacido que estrecha entre sus brazos: no lo dejes aquí, me ruega con esa terquedad de los muertos, llévatelo contigo y báñalo en esas aguas de miel.

París-Dakar

Es increíble, pensó Jaume Pont, el equipo de rescate debería estar ya aquí. Sentado en la arena propinó una patada a su moto semienterrada, como si ella fuera la culpable de que él hubiera extraviado los mapas y se hubiese perdido en mitad del desierto. Habían transcurrido cuarenta y ocho horas, quizá setenta y dos, pensó, desde que se había quedado sin gasolina. No le quedaba comida y hacía tiempo que había tirado lejos la cantimplora vacía para no pensar en el agua, cuando por encima de una duna vio moverse algo. Al principio era un pequeño punto, poco a poco la figura de un hombre montado sobre un camello se hizo más clara. El tuareg llegó hasta donde se encontraba Jaume, este le miró a los ojos, pero los ojos del hombre del desierto no expresaron nada. Miró luego al animal y creyó captar en él una sonrisa burlona. Intentó decir algo pero tenía la boca demasiado reseca y no podía despegar los labios. Quiso ponerse en pie cuando observó que el tuareg, montado sobre su camello, se dirigía hacia él, pero las fuerzas le fallaron. Un paso más y el animal le aplastaría. Contuvo la respiración y supo que estaba muerto cuando hombre y animal le atravesaron como un sueño. Hacía mucho tiempo que los vehículos movidos por petróleo habían dejado de funcionar y los camellos seguían atravesando los desiertos sonriendo a los fantasmas.

Grafitos

Mientras pienso, no existo.

No hace falta que corras, no hay ningún sitio adonde llegar.

Lo antinatural también es natural.

La trampa está en la comodidad.

Escribir a hierro, como dicen en mi pueblo.

Con todas las películas que ocurren a la vez, como para enchufarte a internet.

La obra más universal de todos los tiempos la escribió un preso en su celda.

El amor es ciego, por eso siempre terminamos pegándonosla.

La ciudad de cristal

Sobre la Ciudad de Cristal mariposas de metal suenan como campanas de seda que fueran tañidas por un monje ciego. Una caravana de beduinos envueltos en sus turbantes amarillos y negros se acerca, algunos montan animales pacientes como camellos y poderosos como elefantes de cuyos hocicos surge un humo grisáceo. El sol y la luna al mismo tiempo caen verticales sobre una tierra sin pasado. Unos niños juegan con piedras calcinadas dando saltos como canguros o gotas de lluvia. Y es que en la Ciudad de Cristal llueve, cuando llueve, de aquella manera, como si la lluvia no quisiera caer y fuera de un lado para otro pero sin viento y lo que es mejor sin heridas. No hay explicación, es más, las explicaciones son cosa de ese otro tiempo desdibujado que ya nadie recuerda. Solo las nubes conservan la memoria pero son mudas, los hombres habitan los velos del misterio y han aprendido a conformarse. Una mujer baja unas escalinatas en la plaza envuelta en una capa negra, a su paso se pueden escuchar murmullos en las columnas y pisadas en el suelo que no pertenecen a nadie. Pájaros negros con hermosos picos verdes aletean entre los niños que juegan. Se escucha una música de acordeones rotos, hay tripas de animales puestas a secar al sol y las moscas revolotean alrededor. Los habitantes de la ciudad caminan desnudos de palabras, qué importan los relojes cuando el tiempo ha perdido sus manecillas, solo la luz permanece entre aquellos que no creyeron las promesas de ser como dioses. Todos saben que en el origen era el silencio y que en su interior vivía enroscado el dragón de la música. Todos saben que solo el que cabalga la ola nacerá a la espuma, que solo el que haya sido aire podrá atravesarlo todo. Mientras los niños juegan con piedras calcinadas dando saltos de canguro.

Conquista

Decían de aquella mujer que era una trinchera inexpugnable, pero él atravesó todos los parapetos y se clavó como una bala de algodón en su corazón.

Calahonda

Un niño escribe en la arena su nombre con una caña, una ola se lo lleva.

Móstar

Sentada en una mecedora de madera, en medio del jardín, una joven vestida de blanco da la espalda a la espesa niebla que se acerca. Sabe que es cuestión de tiempo, que esa extraña niebla terminará por alcanzarla, que pronto se verá diluida en ella, pero también sabe que sería inútil tratar de escapar, no hay lugar donde esconderse de la guerra. ¿O sí?

Caso rechazado

Una pija desaparecida y esa zorra envuelta en pieles llorando lágrimas de cocodrilo por una hija de la que nunca se ha preocupado. Encendí otro cigarrillo y vi pasar a una maricona por los ventanales sucios de cagadas de moscas y grasa del Poseidón. No tenía ni putas ganas de averiguar nada sobre esa niña pero me hacía falta la pasta, debía tres meses de alquiler y el coche parado por no poder cambiar la batería.

—¿Tú qué piensas, Roco? —le pregunté al chapero que desayunaba en la mesa de al lado y al que le había pedido que pusiera la oreja a mi conversación con aquella señorona.

—Huele a mierda, huele a culo y a mierda —contestó Roco mientras se sacaba un trozo de donuts con un palillo de su dentadura podrida. Demasiadas mamadas, pensé, raro que todavía no haya pillado un sidazo.

Cogí la caja de cerillas que la mamá había encontrado en uno de los bolsos de la niña, siempre hay una caja de cerillas en estos casos, y volví a leer: "Cueros" "Privado". A continuación encendí una cerilla con la brasa de mi cigarrillo y dejé que la caja ardiera en el cenicero. A la mierda el alquiler y a la mierda el coche. Afuera seguía lloviendo a cántaros y otro día más que no iba a salir el sol.

El fondo del cielo

No me preguntéis cómo pero lo sabía, sabía que llegaría este momento, no sé cómo pero lo sabía, sabía que existía un final y que ese final era en realidad un principio, sabía que llegaría el día y por fin ha llegado, por fin he dejado ese lugar que me ataba, ese lugar oscuro entre mis hermanas, por fin me mudo, se acabó la quietud, comienza el viaje, mi padre, el gran árbol, me ha estado dando el alimento hasta el último día para que no levantara el vuelo, pero yo sabía que llegaría este momento, el tirón que desataría el nudo, la ráfaga que me arrancaría de este vivir solo mirando, y vaya si lo aproveché. Del primer empujón fui a parar al quiosco de las chuches en la plaza Cavana, con el siguiente me colé por el callejón de la Iglesia y rodé sobre el empedrado y amé ese suelo tan ansiado, otra ráfaga de aire me levantó y me sentí pájaro y casi llego al campanario y por primera vez vi esas campanas cuyo sonido tanto amaba y seguí volando hasta el paseo y vi palmeras y un acantilado de piedra y seguí volando y pude ver algo que solo había visto en sueños: pude ver el cielo en la tierra y os juro que lloré porque el cielo olía como huele el sonido de las campanas y el vuelo de los pájaros y los besos de los enamorados, y seguí volando para adentrarme en ese otro cielo y caí en picado y el cielo era húmedo como la lluvia y salado como las lágrimas y entonces supe que había llegado a donde siempre había querido llegar y me dejé ir hacia el fondo del cielo y me crucé con unos pájaros que volaban en él sin alas y me fundí con la arena fina y me dejé envolver por ese cielo húmedo y salado.

Hada

Se le apareció en mitad de la playa, en mitad de una noche estrellada de mayo, mientras fumaba recostado en una roca con la cabeza llena de cabras. Tenía unos tobillos frágiles como esas palabras que a veces se nos escapan, pero fue su olor lo que le arrastró definitivamente hacia ella. Y es que olía como huelen los buenos sueños, olía a semilla germinando dentro de la tierra, olía a ese color malva de la tarde, olía sosegada y brava, olía a una música jamás oída, olía a territorio en paz, olía como huelen las hadas. Y como un hada desapareció, dejándole para siempre su olor en la piel y un vacío como de planta arrancada.

Insolación

Cuartos llevaba en parada tres esperando hora de autobús con llegaba retraso siempre parada cayendo como Lucifer sol mi cobijarse lagartija una piedra sombra respiraba y respiraba estropajo pausadamente tres cuartos llevaba hora caldera parada estropajo siempre esperando autobús.

Fantasma

Resulta que cuando los fantasmas tenemos miedo nos refugiamos dentro de los muros, nuestra natural insustancialidad nos lleva a buscar siempre un lugar rotundo como una pared o un muro, el miedo y cierta añoranza de densidad que en esta vida no tenemos. Ustedes se estarán preguntando ¿y de qué tiene miedo un fantasma? Pues de lo que tiene miedo todo el mundo: de la muerte. Y es que sobre los fantasmas hay mucha literatura, pero la gente no sabe que un fantasma también puede morir y, claro, siempre se le tiene apego a la vida, aunque sea a la vida de fantasma. ¿Que cómo muere un fantasma? Veamos, intentaré ser breve. Los fantasmas estamos obligados a permanecer donde vivíamos antes de ser fantasmas, podemos deambular por los alrededores durante el día pero tenemos que regresar obligatoriamente a nuestro recinto al atardecer so pena de quedarnos atrapados para siempre en un intermundo más bien monótono y blanco donde, dicen, ahí sí que no ocurre nada. O sea, que se trata de ser un fantasma bueno y recogerse todos los días en casita pronto. Que te dé o no por incordiar a los intrusos que viven en tu casa ya es cuestión de carácter, aunque es normal que el aburrimiento te lleve un poco a la diversión. Ahora bien, el problema gordo viene cuando ya no vive nadie en tu casa y esta se va desmoronando. De ahí a las ruinas como las cuatro piedras en las que yo habitaba no hay más que un paso, aunque ese paso haya durado seis siglos en lo que a mí respecta. Y claro, como todos habrán deducido, cuando ya no queda ni una piedra en pie pues se acabó la vida del fantasma. Si no tienes un trocito de muro o de pared caes al suelo convertido en una especie de sombra negra y ahí te quedas, puedes aguantar un tiempo pero al final como no levanten otra construcción encima, la palmas. Yo ya estaba resignado a terminar allí mis días cuando de pronto llegaron unos hombres, subieron el trozo de muro en el que me encontraba a un gran carro que andaba sin necesidad de bestias, emprendimos viaje hasta un sitio en el que había un enorme pájaro de hierro, metieron mi muro y con él a mí dentro de la barriga del pájaro y volamos lejos, a un lugar llamado Beverly Hills. Allí fui a parar a una gran mansión, me colocaron en un sótano enorme lleno de antorchas, artilugios de tortura y otros implementos de mi época, incluida una colección de falos romanos en hierro y bronce, que la dueña de la casa, una rubia despampanante, y sus amigos utilizan durante sus fiestas, y menudas fiestas. En fin, que la vida da muchas vueltas y a veces la suerte también acompaña a los fantasmas.

Agujero

El agujero cogió su maleta, metió en ella bien dobladita su capa negra, pues todo agujero que se precie tiene una capa negra para la ocasión, y se fue a la estación a esperar la llegada del tren que lo habría de llevar hasta su destino. No tuvo que esperar mucho porque cuando se trata de llevar a un agujero a su destino los trenes siempre llegan con adelanto. Por eso al agujero se le hizo muy corta la espera y no le dio tiempo a dibujar todas las cosas que los agujeros dibujan mientras esperan ese tren que los ha de llevar a su destino. El trayecto también se le hizo muy breve pues se trataba de un tren de alta velocidad y además aquella velocidad tan alta le mareaba un poco, con lo cual que no pudo cantar todas las canciones que a un agujero le gusta cantar mientras viaja en tren hacia su destino. Así que sin darse cuenta llegó al final del viaje, el tren se paró, el agujero bajó del vagón y se quedó allí plantado, oyendo alejarse al tren con los ojos clavados en aquel hombre uniformado que tenía delante de él. Por un momento se acordó de los dibujos que no había podido hacer y de las canciones que no le había dado tiempo a cantar y sintió una cierta tristeza pero se le pasó pronto. Luego abrió la maleta, se puso su capa negra y emprendió camino hacia la nuca del hombre sin pensárselo más.

Fundamental

La teta de mamá. Que alguien me quite el pañal mojado, me seque el culo y me dé cremita en los huevecillos. Que le digan a la abuela que no me gustan los besos de chupetón. Mi vaquita de peluche. Y, bueno, para ser sincero, ese sucedáneo de teta llamado chupete.

El apeadero

Un hombre está sentado en el vagón de un tren, saca un trozo de papel arrugado del bolsillo de su chaqueta, lo observa, el tren se para, no hay nadie más en su compartimento y el hombre mira por la ventana. Daría cualquier cosa porque el tren se quedara detenido allí para siempre, en aquel apeadero sin nombre, en mitad del páramo, lejos de cualquier parte, lejos del dolor al que se dirige, lejos de esa ausencia ya definitiva, daría lo que fuera por no llegar a Madrid, por no bajarse en la estación de Atocha, por no coger ese taxi que lo ha de llevar hasta el tanatorio de la M-30. El hombre retiene las lágrimas, ¿retenerlas?, ni siquiera eso, porque las ha retenido tantas veces en su vida que sabe que ya le es imposible llorar, que ya jamás llorará, que quizá sea eso lo que lo mate, o quizás ahora pueda llorar, quizás ahora por fin se deshaga el nudo, porque o llora o se rompe, lo sabe bien, algo se tiene que quebrar, quizás ella haya muerto para salvarlo, para que al fin pueda llorar. Y sin embargo daría cualquier cosa para que el tren no continuara su marcha y se quedara detenido allí para siempre, en aquel apeadero sin nombre en mitad del páramo.

El papel arrugado en su mano sudorosa, el hombre lo desdobla, la tinta se ha corrido, las letras se han borrado, trata de recordar pero no recuerda lo que ponía en ese papel, no sabe qué hace en ese tren, ni siquiera sabe hacia dónde iba, ha olvidado incluso de dónde venía, solo siente el nudo, ese nudo entre el pecho y la garganta, ese nudo antiguo y unas ganas tremendas de llorar y le sale un quejido seco, quebrado y seco como la tierra del páramo que observa a través de la ventanilla de ese tren detenido en medio de una tarde gris y plomiza, una tarde cualquiera.

Venga, cuéntame

—Si no hubiera sido
por lo que ha sido
quizás esta noche
me lo hubiera hecho contigo.
—Venga, cuéntame
cómo habría sido,
qué me hubieras dicho,
qué me hubieras hecho.
Venga, cuéntame
para cuando esté sola
y me dé el punto
y me acaricie toda.
Venga, cuéntame
dónde habríamos ido
si a tu casa
o al peñoncillo.
Venga, cuéntame
de esa niña mala
y que ya son horas
de estar en la cama.
Venga, cuéntame
si al primer descuido
me habrías levantado el vestido

para verme hasta el ombligo.
Venga, cuéntame
si estaríamos tiernos
y parsimoniosos
o revolcándonos como osos.
Venga, cuéntame
si te habrías tumbado
entre mis piernas
para beberme entera.
Venga, cuéntame,
eso no, eso sí que no,
eres un guarro,
bueno, pero con cuidado.
Venga, cuéntame
de ese desierto de arena
como la seda
que nos acerca y nos aleja.
Venga, cuéntame
de esa esfera en la que flotamos,
de esa risa en la que nos cobijamos,
de ese templo en el que rezamos,
de esa música en la que navegamos,
de ese incendio en el que nos abrasamos.
Venga, cuéntame
o mejor tócame
como cuando me floreces,
besame

como cuando me humedeces,
éntrame
como me entra la muerte y me crece.

El coleccionista

Coleccionaba máscaras, tenía una diferente para cada ocasión. Un día quiso mostrar su verdadero rostro, pero ya era demasiado tarde.

Viento

Lo que había comenzado siendo una ligera brisa terminó siendo un viento del carajo que nos volvió locos, un viento que arrastraba la publicidad de los supermercados y que desperdigaba la basura por las calles, un viento que nos destrozó las caretas y los miedos, un viento de muerte que nos quebró el espinazo, nos arrancó toda la mierda que llevábamos dentro y nos abrasó el ego, un viento feroz y ciego que nos dio la vuelta por completo devolviéndonos a aquel zozobrar primero.

Espaguetis

En ese plato había espaguetis, espaguetis con tomate, y ahora ya no hay espaguetis, hay un plato, un plato negro, un plato que antes era una montaña de espaguetis, una montaña roja como un volcán, un volcán que escupía serpientes, kilométricas culebras que caían por las laderas del volcán, serpientes rojas como la lava ardiente, y hay un niño pequeño y gafotas que se ha comido todas las serpientes menos una; sí, una serpiente roja repta por el fondo del plato negro, se mueve, se ondula como una serpentina arrastrada por el aire en esa noche plateada y extensa en que se ha convertido el fondo del plato negro. Y al niño pequeño y gafotas le gusta aquella cinta ondulándose entre estrellas, aquella carretera roja que cruza serpenteando la noche negra, y sin que se enteren sus padres que comen callados mirando la televisión, el niño se lanza sin pensárselo a aquella carretera, a aquel tobogán sin saber a dónde le va a llevar. La carretera es cada vez más ancha y él ya no es pequeño y ya no lleva gafas y por eso no sabe si camina o cabalga esa serpiente roja y ahora a horcajadas encima de la serpiente dejándose ir hacia ese campo de amapolas blancas en el fondo de la noche solo para descubrir que no es un campo de amapolas blancas, ni siquiera son estrellas, sino una pared blanca sobre la que se recorta la cara de un niño pequeño y gafotas que coge entre sus dedos regordetes la serpiente sobre la que él cabalga y se la lleva a la boca haciéndole caer en una noche intestinal de la que no hay regreso.

La llave

Tenía un gran manojo de llaves pero ninguna servía para abrir el corazón de la mujer que amaba.

Burriana

Ocurrió hace unos días, poco antes de finalizar noviembre. Yo estaba sentado en la playa de Burriana observando un atardecer interminable de miel sobre naranjas. De repente vi, no muy lejos de donde me hallaba, un pez saltando fuera del agua. No le di más importancia, empeñado como estaba en disolver mis pensamientos en aquel sueño de plata. Al momento el pez volvió a salir del agua y esta vez su vuelo fue un poco más largo. A mi lado un viejo pescador reparaba sus redes, no había nadie más a esas horas en la playa y las gaviotas regresaban a su noche de acantilados y sombras. Por tercera vez vi a aquel pez saltar fuera del agua, pero en esta ocasión el pez se elevó y se elevó y se elevó hasta ser solo un pequeño punto negro que se perdió en la distancia. Atónito ante lo ocurrido, me volví hacia el viejo pescador que me observaba de reojo con una sonrisa en su mirada. ¿Cómo se llama ese pez?, le pregunté. Se llama, me contestó sin levantar los ojos de su faena, el pez que soñó que podía volar.

Era eso

Clara nunca se había parado a pensar en eso, aunque si lo hubiera hecho habría imaginado algo apocalíptico: un estruendo ensordecedor, un destello cegador, un cataclismo general, algo que dejara a todos patidifusos, el silbido meteórico de un meteoro que fulminaría al mundo como a veces la fulminaba la mirada de su marido, un terremoto que resquebrajaría la tierra y la tragaría a ella y a todo como su marido se tragaba los caracoles, sorbetón y adentro, o simplemente el cielo se abriría y los ángeles y los demonios se llevarían por las orejas a fieles e infieles. En fin, pues eso, algo espectacular, como para grabarlo en vídeo y mandarlo a algún programa de televisión. Aunque si se tratara del fin del mundo qué más daba grabarlo o no. Sin embargo, lo que había ocurrido, o mejor dicho lo que estaba ocurriendo, era más bien soso, aburrido. Clara estaba cogiendo el autobús para ir al Corte Inglés, acababan de empezar las rebajas de enero, cuando notó los primeros síntomas, de repente, zas, el tipo que estaba delante de ella picando el bonobús en la máquina se borra, desaparece, pero no de un golpe, sino que se borra como cuando uno hace un dibujo a lápiz y luego lo borra con una goma y donde había algo ya no hay nada, a lo sumo un blanco menos blanco, un blanco oscuro, sombreado, un blanco sucio. Luego le tocó el turno a la señora que iba con un niño en brazos y a la que nadie cedía el asiento y luego al conductor y al autobús, y Clara ahí sentada, en medio de la calle, sentada en el asfalto y los coches borrados y los semáforos y los edificios y los pitidos de los coches y la sirena de una ambulancia y las voces de la gente borradas y los olores a gasolina y todo de un blanco sucio, todo alrededor de Clara desapareciendo y ella ahí sentada en el suelo, por decirlo de alguna manera, porque ya no había suelo ni cielo ni un lado ni otro ni arriba ni abajo ni dentro ni fuera, solo ella con cara de idiota y una risa de loca que poco a poco se iba borrando.

Desconocimiento

La mosca que no ve la tela de la araña, la araña que no repara en el pájaro que la observa, el pájaro que descansa en su rama sin percatarse del gato que lo acecha, el gato que no percibe el coche que lo atropella, el coche que no sabe del loco que lo lleva, el loco que no sabe de esa curva en la carretera, la curva que no sabe del terraplén que se desmorona sobre ella cuando las lluvias arrecian, los charcos de lluvia que no saben del sol que los seca, el sol que no sabe que un día será solo una apagada estrella.

Los monaguillos

En el rincón más oscuro de la iglesia del pueblo, detrás del último confesionario, una noche de verano, en penumbra tras la última misa, los dos monaguillos juegan entre risas con sus cirios en la mano y el párroco los acompaña con su órgano.

El eje del bien

Motín en el infierno,
Satán destronado,
los diablos son ahora
buenos ciudadanos.
Están por todas partes
enganchados a sus móviles,
consumiendo chapapote
montados en sus cuatro por cuatro.
Corren como Conejos
empujando carros atiborrados
por esas catedrales del consumo
que son los hipermercados.
Se tragan los informativos
como platos precocinados,
son inocentes, pobres diablos,
que Dios nos coja confesados.

Rubor

¡Tomás tomate tómate un tomate! ¡Tomás tomate tómate un tomate!, vociferaban sin parar el gordo y su banda. ¿Por qué no le partes la cara a ese gordo de una vez?, le decía Sandra sentada a su lado en los escalones del patio a la hora del recreo. Pero Tomás seguía observando la mosca que se había posado en su mano ajeno a aquellas voces chillonas del gordo y su banda. A Sandra le repugnaba aquella crueldad de los niños de su clase aunque, la verdad, Tomás llevaba todas las papeletas para ser el blanco perfecto de la estupidez infantil. Tomás era pelirrojo, el jersey del uniforme del colegio era rojo y encima la mamá de Tomás le ponía unos calcetines rojos para que fuera haciendo juego su niño. Además Tomás se ponía rojo, colorado como un tomate, por nada, el pobre se ruborizaba cuando la seño le preguntaba, se ruborizaba si tenía que pedir permiso para ir al servicio, incluso una vez se llegó a mear en los pantalones por no levantar la mano y pedir permiso a la seño, Tomás se ponía rojo hasta cuando Sandra le decía algo como ahora ¿por qué no le partes la cara a ese gordo de una vez? Pero Tomás tomate no hacía nada o, mejor dicho, sí hacía, se quedaba allí pasmado mirando a la mosca posada en su mano, todo rojo y Sandra pensaba que si por casualidad la mosca se quedara en la mano de Tomás para siempre, Tomás se quedaría fosilizado mirando la mosca en su mano, a Sandra lo de los fósiles le entusiasmaba, aquello de convertirse en piedra para resistir el paso del tiempo le maravillaba, aunque, la verdad, no le hubiera gustado que Tomás se convirtiera en un fósil mirándose la mosca posada en la mano, y es que no terminaba de entender a Tomás y eso es lo que más le atraía de él. Lo que Sandra no entendía era que Tomás habitaba el rubor, la crueldad era algo que llegaba de fuera, le encendía la confusión y se iba sin más, lo importante para Tomás estaba por debajo, en las preguntas, en esas preguntas para las que nunca encontraba respuestas, ¿por qué esta mosca se ha posado en mi mano?, ¿sabe la mosca que se ha posado en mi mano?, ¿es mi mano esta mano?, ¿es una mosca?, ¿y si yo fuera la mosca y ella mi mano?, ¿qué podría hacer yo para posarme sobre la pata de una mosca?, ¿y si muevo la mano y no se va la mosca? ¡Tomás tomate tómate un tomate!

El ahogado

Juró que no derramaría ni una lágrima por ella, pero un día sintió que le faltaba el aire: su pecho era un lago negro lleno de peces muertos y él yacía ahogado en su centro.

Soledumbre

Una habitación de desconchadas paredes y carcomido suelo de madera. Por todo mobiliario una vieja cama cubierta por una colcha roja. Las puertas del estrecho balcón están abiertas, un hombre acodado sobre la barandilla fuma un cigarro. Es de noche y la luz de una farola alumbra tenue la calle del céntrico y deteriorado barrio. El hombre no posee nada, nada espera, observa esa calle por la que nadie camina hasta que siente que él es esa calle vacía y desolada por la que hace tiempo que nadie pasa.

Terapia

Te rozo las nalgas y me doy cuenta
de que no te has puesto bragas.
Dejo el libro sobre la mesa
y te sientas a caballito sobre mis piernas.
Todo es lento,
se trata de permanecer ahí dentro,
sumergido como la semilla en la tierra
hasta que sientas crecer el árbol
y me reclames la savia que te he guardado.
La locura de tu vientre y, sin embargo,
solo ahí dentro cuerdo, por fin cuerdo.

Palabras reptantes

El frío de las risas trastornó al elefante. Ocurrió en una noche de hienas envidiosas y palabras reptantes, las estrellas chocaban contra las paredes y un fuego abrasador se desprendía de los ojos de los murciélagos. Fueron ellas, las hienas y esas palabras reptantes las que tapiaron de corcho las grandes orejas del elefante. Inútil intentar escapar. El frío de las risas le perseguiría toda su vida. Mejor llorar que reír de esa manera. Mejor mear el alma que ejecutar la sentencia. ¿Quién puso el dedo en el gatillo de la pistola y la pistola en esa palabra hiena? Mientras tanto, en el reparto de papeles el ujier perdió los papeles y el elefante se quedó en cofre y la hiena fue invierno. Solo las palabras reptantes siguieron ascendiendo por oscuros túneles cuajados de cristales, bostezos y recovecos.

Basura

Vivo en lo que antes se llamaba el Tablazo, en concreto en la esquina de Rodríguez Acosta con Severo Ochoa y todos me desprecian. La gente cuando se acerca a mí arruga la nariz y exclama: uag qué pasco, mira qué sucio, uf qué mal huele. Todos pasan de largo, pero yo no tengo la culpa de que la gente eche su basura en mí a cualquier hora o que la eche fuera o la ponga a mi lado, yo no tengo la culpa de que los niños peguen patadas a las bolsas y toda la porquería salga volando.

Esta mañana muy temprano me han subido a un camión y me han llevado hasta el río. He podido ver las montañas de cerca y he respirado por primera vez el olor a campo, eso sí, mezclado con la pestilencia que desprendíamos todos los contenedores de basura que allí estábamos. Al rato ha aparecido un muchacho que gritaba: tranquilos, hijos míos, que mamá ya está aquí y os va a dejar como los chorros del oro. Y vaya si nos ha dejado limpios, con su pistola de agua a presión y su desengrasante dale que te pego, el pobre chico, envuelto en una nube tóxica y chapoteando en restos de basura que hervía en gusanos, nos ha arrancado toda la costra de mugre y nos ha quitado ese pestazo que echábamos. De vuelta a mi esquina iba pensando, esa cara me suena de algo, hasta que he caído: coño, pero si es el autor de este relato.

Arquímedes

Miles y miles de pingüinos se daban cita allí, en el centro del hielo, en mitad del frío, allí donde se originan todos los vientos, y se daban cita allí para empollar durante semanas los huevos que habían puesto las pingüinas. Las pingüinas, después de poner los huevos, se daban media vuelta y volvían a la costa a tomar el sol y a retozar en la playa. Ellas se iban y los pingüinos se quedaban allí, ateridos, todos juntitos para protegerse del frío y de las ventiscas, sin comer, sin beber, sin apenas dormir, sin poder casi moverse, apoyándose solo en los talones para que el huevo depositado sobre sus pies por las pingüinas no cogiese frío, pues así es como empollan los pingüinos.

Arquímedes, uno de los pingüinos más jóvenes, elevó su voz entre los demás y exclamo: Tenemos que acabar con esta situación de desigualdad y explotación que sufrimos los pingüinos. No es justo que a nosotros nos toque apechugar con lo más duro mientras nuestras mujeres se divierten y descansan en la playa. O se avienen a razones o nos esterilizamos masivamente. Así que ellas mismas.

A pesar del frío, Arquímedes estaba rojo y acalorado por el discurso y sobre todo por esa sensación de injusticia que le acompañaba desde hacía tanto. Al principio sus palabras dejaron mudos a los demás pingüinos, luego vinieron varios días de discusiones, a algunos aquella medida de la esterilización les perecía excesiva y no terminaba de convencerles, los más viejos opinaban que así había sido siempre y que siempre seguiría siendo así. Al final se acordó formar una comisión negociadora para reivindicar la igualdad con las pingüinas. Desde entonces las costumbres de esta especie han variado sin que los científicos acierten a explicarse la razón de tal cambio.

La semana

Lunes por la mañana: suena el despertador, pega un brinco en la cama, refunfuña y bosteza; los lunes le parecen un muermo de día y se pregunta quién le mandaría a él, tan mágico, tan sagrado, tan anarco, ponerse a trabajar y encima de perro guardián. Llega el martes, el programa está acoplado en su cerebro, gruñe, ladra y se hace el fiero. Miércoles: de pronto recuerda cuando era pequeño y jugaba por los tejados de las casas del pueblo, este recuerdo le alivia algo la tristeza y por vez primera en la semana maúlla de contento. El jueves no aguanta más y por la noche cuando regresa del trabajo se va a dar una vuelta por las calles solitarias del pueblo a ver si encuentra alguna gatita con la que jugar. El viernes está eufórico, rehuye a todos y se baja solo a la playa. El sábado se recoge en casa solamente por llevar la contraria a esos otros animales que solo se divierten el fin de semana. Así que un cojín blando y mullido y un buen fuego en la chimenea. El domingo está que no se encuentra, por la tarde más que un gato parece un león enjaulado, le cuesta conciliar el sueño pero, cuando al fin se duerme, tiene un sueño maravilloso:

se ha quedado en el paro, vuelve a ser un gato. El sonido del despertador le devuelve a la pesadilla de la que creía haber escapado.

Aumento de las temperaturas

Hacía días que los coches no podían circular porque se les derretían las ruedas y el caucho se quedaba pegado a un asfalto ya de por sí tan recalentado que borboteaba como guiso puesto a hervir. En medio de aquel calor extraño traté de beber un vaso de agua, pero salía hirviendo del grifo de la fría. No corría ni una gota de aire y yo boqueaba como pez fuera del agua. Asomado a la ventana vi a una viejecita convertida en un charco, solo le quedaba la cabeza y un trozo de tronco, el resto de la anciana se había licuado. Intenté gritar para que socorrieran a la señora pero tenía los labios pegados y la lengua soldada al paladar, además en la calle no había ni un alma, excepto aquella viejecita derretida como meada de perro. Encendí el ventilador y el aire se convirtió en cuchillos de fuego que me atravesaron el pecho. Se veía venir, pero nadie quería darse por enterado.

Tótem

Ella: gusano.
Él: cerda.
Ella: perro.
Él: cucaracha.
Ella: sabandija.
Él: Víbora, más que víbora.
Ella: cabrón
Él: zorra.

Saco de miedos

A esa edad en la que uno se pregunta qué quiere hacer en la vida, yo busqué en las ofertas de empleo. Empecé a representar papeles. Cuando estaba en casa encendía la televisión. Siento que todo lo he hipotecado a ese futuro que nunca acaba de llegar. Creo que todas las decisiones importantes de mi vida las he delegado en otros. Y ahora, enfermo, corro al hospital.

La taberna

Abandonó su aldea en una fría madrugada del último día del año 1619. Arrebujado en su zamarra se dirigió a pie hacia los acantilados de la Muerte desoyendo las advertencias de su madre que mantenía que aquel no era lugar para un campesino. Era joven, nada le retenía, su corazón estaba ansioso de aventuras y tenía el firme propósito de embarcarse rumbo a los mares del sur. Tras varias jornadas de andadura llegó en una noche de tormenta al pie de los acantilados, allá en lo alto, entre los riscos azotados por el viento, la luz roja de un farol. Subió por la escarpada vereda y se acercó algo tembloroso a la vieja casona de piedra. Abrió el portón de madera y una vaharada de humo y ron le golpeó en la cara. El ronco vocerío de los hombres cesó, dos barbudos que se peleaban a cuchillo en un rincón se detuvieron en el acto, la joven cantinera con cuatro pintas de cerveza en las manos lo miró al pasar junto a él y se dirigió a la mesa del centro de la taberna ocupada por cuatro hombres. De repente, unas manos como zarpas lo sujetaron por los hombros y en volandas fue llevado hasta aquel lugar. No se lo podía creer. No hacía falta que nadie se los presentara, había oído hablar tanto de ellos y allí los tenía: el del pelo rojo debía de ser Demonio Marino, a su lado, y no había que ser un lumbreras para descubrirlo, el Tuerto y Pata Palo y en el otro extremo de la mesa Cabra Loca, sobrenombre en verdad raro para un pirata.

—¿De dónde vienes? —preguntó Pata Palo—. Y ten cuidado zagal con tus respuestas o conocerás las rocas de allá abajo —añadió mirando más allá de la puerta.

—Vengo de la tierra y si he de morir quiero que sea en el mar.

—¿Cómo has llegado hasta aquí? —preguntó a continuación Demonio Marino.

—Con estos dos pies que Dios me ha dado y con un corazón al que el Diablo, con su permiso señor, ha puesto alas.

—¿Qué llevas en ese zurrón? —inquirió Cabra Loca clavando su mirada alucinada en el chaval.

—Solo mi miedo y mi valor, señor.

—Ojo al parche —amenazó el Tuerto— con lo que contestas: ¿Qué hay más importante que el oro, que las mujeres y el ron?

—Solo una cosa, señor, la camaradería de los compañeros piratas.

—Ja, ja, ja, jo, jo, jo —estallaron todos en una estruendosa carcajada—, ja, ja, ja los compañeros piratas, jo, jo, jo.

Pata Palo se levantó y dando un fuerte golpe con su pata de palo en el suelo de madera alzó su jarra de cerveza y exclamó:

—Voto a Bríos, este chico es digno de nuestra hermandad.

—Así sea —contestaron todos a coro haciendo entrechocar sus jarras de cerveza y sus copas de ron.

Ubicación

Padecía de claustrofobia. También de agorafobia. Solo podía vivir en los umbrales.

El espejo

Narcís caminó despacio por el pasillo hacia la puerta de la calle mientras se anudaba la corbata. Antes de salir se detuvo para mirarse en el espejo del recibidor. Sonrió, se encontraba bien, pero la sonrisa se le congeló en el rostro cuando se percató de que él ya no era ese hombre que acababa de cerrar la puerta por fuera. Una expresión de incredulidad le ganó la mirada cuando tomó conciencia de que estaba atrapado dentro del espejo. Una mueca de horror se le dibujó en la cara cuando se dio la vuelta y vio su imagen repetida hasta el infinito en un espacio aburrido y desolado.

Semáforo en rojo

El semáforo se enamoró de aquella mujer morena y menuda que conducía un ford fiesta y cada vez que la veía se sonrojaba. Los conductores protestaban de semejante cruce y del inmenso atasco. Mientras, una papelera y una farola miraban a la mujer y cuchicheaban envidiosas: no es para tanto.

Plaza de Cantarero

Corre diciembre. Hay nieve en el pico de la Maroma y en sus sienes. Antonio hace mucho tiempo que lo ha olvidado todo, la primera mujer que olía a cerezas y sabía tan bien, la guerra que le mató la casa y el amor, la lluvia y el sol de cada una de sus arrugas, las alegrías que un día contuvo su corazón. Lo ha olvidado todo menos al niño que no pudo ser. Por eso sonríe mientras calienta sus huesos en un banco de la plaza al sol del atardecer.

Más grafitos

La mejor venganza es el perdón.

Nada como la experiencia de quedarte pasmado.

Dirección de mi página web: www. noestoy. com.

¿Quién cura la locura de la gente atiborrada de cordura?

Cualquier momento es el momento.

¿Por qué no se derrite esa vela?

Para publicar un libro habría que plantar un bosque primero.

Al principio todo era muy simple pero lo hemos ido olvidando.

La jaula

¡Cuándo se acabará esta pesadilla! ¡El día que se me ocurrió a mí echar a volar fuera de la jaula, insensato!, tú has nacido para cantar, ese es tu fin en esta vida: cantar, cantar todo el día. Eso y no andar por ahí teniéndote que buscar la comida, teniendo que construir nidos donde habitar, resignándote a dormir en cualquier agujero o a la intemperie como una vagave, pasando frío y calor, rodeado de peligros en este mundo lleno de gatos, de perros, de niños, de coches, de otros pájaros grandes y canallas, quién te metería a ti en la cabeza que debías escapar, con lo bien que vivías con aquella viejecita bondadosa y agradecida, mi alpiste siempre a punto y mi casita siempre limpia, hasta mis hembritas tenía en las épocas de celo, que todas se querían aparear con tan buen cantor. ¿Cómo te metiste en este berenjenal?, ¿a dónde querías ir si no sabías nada de nada?, ni regresar a mi jaula puedo de lo mal que me oriento.

La ventana

Abuelo se pasaba el día en su habitación sentado en su sillón mirando hacia una de las paredes del cuarto. La habitación del abuelo estaba al fondo de la casa, era estrecha, oscura y solo tenía un pequeño tragaluz cerca del techo. Antes de que mis papás se trajeran al abuelo a vivir con nosotros la habitación del abuelo había sido una despensa que en realidad se utilizaba como trastero. Abuelo llevaba años sin salir del trastero, estaba casi siempre echado en la cama o sentado en su vieja mecedora, no hablaba con nadie, simplemente se sentaba en su mecedora y se pasaba todo el santo día mirando a la pared. Un día me atreví a preguntarle: ¿abuelo, no te aburres de estar todo el día mirando a la pared? ¿Qué pared?, contestó, miro a través de la ventana. Eran las primeras palabras que escuchaba a mi abuelo desde que se había venido a vivir con nosotros. ¿Y qué ves?, le pregunté por seguirle la corriente. Un bosque. Y me contó: hoy veo un bosque, un bosque que no se está quieto, ¿no lo ves?, los árboles se mueven como elefantes viejos, las piedras flotan en el aire sin tocar el suelo, ahora las mariposas se han juntado todas y han formado una gran túnica de seda, bajo la túnica hay una mujer que canta como dicen que cantan las sirenas, y eso que se mueve entre las hierbas son gusa- nos que asoman sus cabezas trayendo en ellas las estrellas que viven bajo tierra, ¿ves cómo brillan? Me pasé toda la tarde hasta la hora de cenar mirando a través de la ventana. Por supuesto que no les dije nada a mis padres. Desde aquel día, todas las tardes cuando vuelvo del colegio, me voy a la habitación de mi abuelo a mirar con él un rato a través de la ventana. Lo mejor es que cada día vemos algo diferente.

Descerebrado

Porque está lo que sueño contigo:
ese dejarte desnuda en mitad del pueblo
y saltar sobre ti como un lobo en celo.
Pero creo que nunca te haré el amor
para pasarme la vida
deseando hacértelo.
Mientras tanto, ando detrás de ti en bolas
diciéndote todo lo que se me viene a la boca
para que te rías, aunque me la rompas.

Sobre ciudades

Me habita una ciudad de edificios negros, una geografía de sótanos y subsuelos, huyo de unas sombras por estancias en penumbras con los párpados entreabiertos, un lagarto se apea de una limusina y una planta carnívora se arrodilla en un confesionario que no sé qué coño hace en esa esquina. Escucho los pasos de las sombras cada vez más cerca, subo por escaleras cuyos escalones gritan y creo ver por la rendija de una puerta a un viejo que cocina relojes sobre una salamandra de hierro negro. Me falta el aire y apenas puedo despegar los párpados. Emerjo de esa noche sabiendo que es cuestión de tiempo volver a ella.

Asesino

Por las mañanas caminaba cadáver a la oficina en la que llevaba trabajando toda su vida. Por las noches apuñalaba su imagen cansada reflejada en el espejo. Algún día acabaría por entregarse a la policía.

El hombre invisible

Mire, doctor, la cosa empezó hace un año aproximadamente, yo andaba muy liado en el trabajo, cuando llegaba a casa mis hijos ya estaban en la cama y mi mujer, qué quiere que le diga, yo a esas horas ya no estaba para nada, últimamente no me dice ni mu. Luego empezó lo de la calle, me cruzaba con los vecinos y ni me saludaban, y el colmo ha sido esta mañana cuando me iba a afeitar, lo he tenido que hacer a tientas porque no me veía en el espejo, como se lo digo, mi imagen no se reflejaba en el espejo. En el trabajo nadie me ha dirigido la palabra en todo el día. Qué piensa, doctor, qué me está ocurriendo, ¿doctor?, ¡oiga, doctor!, estoy aquí, no me ve, doctor, aquí, eh, no se vaya, doctor…

La esquina

Cuando dejó a Nerea en la esquina de la calle Barrio el reloj de la iglesia marcaba las seis de la mañana, una tenue línea de luz cruzaba la noche estrellada y pensó que le hubiera gustado vivir en otra época, haber tenido un caballo blanco para coger a Nerea por la cintura, haberla montado en la grupa, haber subido a la sierra y haberse perdido allí para el resto de su vida con ella. Por un momento estuvo a punto de chistarle, pero sabía que no podía ser, que el hueco que ahora sentía le acompañaría siempre, que seguiría encontrándose con Nerea de vez en cuando, pero que no habría caballo blanco ni rapto ni sierra ni vida con ella, sabía que cuanto antes aceptara el hueco mejor. Respiró hondo, hasta él llegó el olor a mar y a algas, miró al cielo y notó que faltaba una estrella, la que se alejaba por la calle Barrio.

Stefano

Tenía una sonrisa traviesa en la mirada, esa mirada de adolescente incandescente, como incendiada estaba también su larga melena roja. Podía haber nacido en cualquier época pero lo hizo en 1378 en una aldea del sur de Italia y no llegaría a conocer el nuevo siglo. Mientras los demás niños acudían a la iglesia donde el párroco impartía sus tediosas clases, Stefano se escapaba a una colina cercana y tumbado sobre la hierba se enfrascaba en descifrar las nubes que pasaban sobre su cabeza. Le gustaba pintar, pintaba manchas y borrones y todos en la aldea decían que era idiota. Tenía unas piernas largas, como si fuera a recorrer mundo, pero jamás llegó a salir de su comarca. Eso sí, Stefano, que así se llamaba el adolescente incandescente de cabellera incendiada, sabía que iba a recorrer vida y sabía que para eso no era necesario ir a ninguna parte porque la vida estaba en todas partes y él estaba ahí para bebérsela a tragos. Stefano tenía unos brazos para abrazar y lo abrazaba todo, ya fueran luces o sombras, y pintaba con trazo firme de niño todo ojos. Era el artista que pasa por la vida derrochándola. Stefano era mudo pero sus dibujos hablaban por él. Se adelantó seiscientos años a su tiempo gracias a esa mano que sabe dios qué diablo dirigía para atreverse a tanto.

Blanco

En la habitación de paredes blancas una cama cubierta por una colcha blanca, una silla blanca y una mesa fija al suelo, también blanca. La mujer viste un camisón blanco y unas chanclas de dedo. A través de la ventana enrejada un muro de ladrillos rojos del pabellón contiguo, en la esquina del muro una cámara de vigilancia. La mujer sentada en la silla blanca mira a través de la ventana, mira más allá del muro de ladrillos rojos, mira hacia un punto indefinido, un punto que no está delante de ella. Tiene el pelo corto, rubio, enmarañado, se pasa la mano por el pelo de una manera mecánica y sigue mirando hacia ese agujero más acá del muro, pero en ese agujero solo hay una luz blanca. La mujer no recuerda nada, sabe lo que le han dicho, sabe que es cierto e irremediable y lo sabe porque sus brazos están vacíos, por eso se pasa la mano por el pelo mientras acuna en su memoria un recuerdo, o mejor dicho el recuerdo de un olor, solo su niña olía así, y no le importa lo que le pueda ocurrir a ella, lo que importa es lo que ocurrió pero eso está en el agujero blanco y no quiere o no puede entrar en ello, hay una punzada en el pecho que le atraviesa la espalda, en el mismo pecho, el izquierdo, donde Irene solía quedarse dormida mientras mamaba. No hay lágrimas en la mujer, la luz blanca se ha tragado hasta las lágrimas, hay un silencio que llega de dentro, de muy adentro y que ni el ruido metálico de la puerta logra romper, hay un silencio hondo y una ceguera de luz blanca en la que se siente a salvo y se sabe muerta. Busca instintivamente un cigarro pero el reglamento del Establecimiento no permite el tabaco en las habitaciones de las internas.

Puchero

Nací hace ya ni se sabe los años. Vivía en una cocina donde se hacía la vida de la casa y solía pasarme el día colgado del trébede encima del fuego. Los garbanzos, las berzas, las lentejas, hasta la carne más dura de carnero se ablandaba en mí a fuerza de calor y horas. Yo era el centro. En torno a mí se reunía toda la familia cuchara en mano y era reconfortante ver cómo se comían encantados todo lo que en mí se había cocinado. Varias veces me restañaron las heridas que la vida va produciendo en uno, pero una mala caída me averió demasiado y me arrinconaron en una alacena. El tiempo pasó, llegaron las cocinas de gas, esas horribles ollas y cacharros modernos y yo terminé convirtiéndome en un trasto inútil y olvidado. No servía para nada y vivía una existencia mugre y miserable en lo alto de una estantería frente a unas sartenes y un colador. ¿Puede haber algo más triste que pasarse el día y la noche frente a unas sartenes y un colador? Hasta que un día llegó Sara, la nieta de mi dueña, ¿abuela, le hace falta este puchero? No. ¿Me lo puedo llevar? Y me llevó con ella a su casa y me puso en una terraza con otras plantas y me llenó de tierra y me metió una semilla y todos los días me regaba y me decía cosas, cosas bonitas. Yo estaba tan contento que ayudaba con mi hierro a que esa planta germinara recia en mí. Sara está ahora aquí, sentada en la terraza fumando con los amigos esa planta que creció en mí. Mi vida ha cambiado, vaya si ha cambiado, para mejor. De nuevo yo soy el centro.

Intifada

Una piedra rueda cuesta abajo por la ladera, choca, se duele, salta, chispea antes de detenerse a los pies de ese niño que se llama Ibrahim. En otro tiempo Ibrahim hubiera recogido la piedra, la hubiera sopesado en su mano, colocado en su honda y revoleado, la piedra habría saltado como un misil y se habría deshecho como tantas piedras contra la chapa de cualquier blindado israelí. Pero eso hubiera sido en otro tiempo. Ahora Ibrahim estaba harto de tanto odio y tanto miedo y por eso siguió su éxodo con sus tres hermanos pequeños que era lo único que le quedaba en esta vida.

La tarea del loco

Desierto de Almería, un cortijo de piedra y barro junto al mar, cerca de la casa una única chumbera. El aire de la mañana es transparente, la luz es limpia, un hombre con pantalones cortos y un viejo sombrero de paja en la cabeza coloca piedras en la reseca tierra. Ya tiene cubierta una amplia extensión alrededor del cortijo. Le pregunto qué hace. El hombre, que parece no hablar español, hace un gesto para que lo siga. Me lleva cerca de la chumbera y me muestra: a la sombra de las piedras veo corretear algunos bichos y briznas de plantas que despuntan. Años después cuando vuelvo a pasar por aquel lugar camino de San José me encuentro con un oasis. En fin, cosa de sembrar piedras y recoger una selva.

Hábitos

Levantarse aún de noche, cuando todavía no ha clareado, y hacer taichi mientras en el horizonte oscuro empieza a vislumbrarse la claridad. Ducharse con agua fría, desayunar un buen tazón de arroz integral con plátano, pasas, leche de almendras y miel. Bajar a Burriana para saludar el día que nace y dar gracias. Contemplar a los pescadores llegar de la faena y distribuir el copo en la arena. Subirme a mi cuarto a escribir. Tomarme un aperitivo en "Los cuñaos" y ver cómo crecen los mellizos. Convertir la preparación de la comida en una fiesta. Comer moderadamente alimentos sanos (abstenerse de transgénicos, productos de invernadero y precocinados) en buena compañía y regados por un vino espeso como la sangre de la tierra. Prolongar la sobremesa en torno al aroma del café y una copa de coñac caliente. Y luego, dormir una siesta sideral. Trabajar otro ratito por la tarde, cenar frugalmente y pasear la cena por las calles del pueblo libres al fin de coches. Recogerse a una hora prudente, hacer el amor religiosamente y quedarse dormido como dicen que se quedan dormidas las marmotas.

Riesgos

Después de mucho pensárselo, y no sin cierto recelo, metió la mano por el agujero de la roca y sintió un beso.

Ese hombre

Tenía un par de botas ya gastadas del camino. Se sentía semilla germinando en silencio, a veces se sentía cansado y sentía haber sentido tanto. Puestos a dar, me dijo en cierta ocasión, qué podía hacer sino darme yo mismo; otra cosa no poseo. A su lado vivías momentos dátiles y otros de clavos viejos y oxidados. En sus ratos libres analizaba la perseverancia de las hormigas y la pereza de los atardeceres. Tenía la cabeza llena de grillos. Trataba de equilibrar en sí santidad y vicio. Cuando callo, decía, es cuando más me manifiesto. Ese hombre veía, o al menos eso mantenía él, lombrices en sus entrañas y mariposas que le salían de la boca. Hacía el ganso siempre que podía, hacía un poco lo que le salía del rabo, hacía muñecos de barro que luego le contaban su historia. Levantaba ruinas en el cielo que habitaba con mujeres de aire, con mujeres de fuego. Acogía en su casa a los perros abandonados que se encontraba por la calle y a los vientos extraviados. Yo desaprendo, solía decir, colegios, caminos y besos, por puro juego, y esperaba sentado bajo un olivo viejo a que se pusiera el sol de enero. Se estancaba en las palabras, se estancaba en la cama cada mañana y se sentía un mostrenco y para reaccionar se daba una patada en el trasero. Era capaz de convivir con todo bicho viviente pero tenía una especial predilección por los vagabundos y los majaretas. Cuando se entusiasmaba se incendiaba, si se consumía, volvía a resurgir de sus cenizas. Le gustaba seguir el rastro que dejan los fantasmas por las escaleras. Ejerció durante un buen tiempo de ascensorista del infierno, pero lo despidieron por reboleras. Le gustaba acercarse de puntillas a los líquenes, a los cuarzos y a otros misterios. Contemplaba el paso de las horas y los culos garbosos y prietos. Mordía esas dudas que le mordían, mordía frases al vuelo, las capturaba como un perro. Reflejaba a veces una cara de conejo perplejo. Había regresado de algún que otro naufragio y por eso llevaba el mar dentro. Se alimentaba del pan tierno del delirio y de dulces higos. Tú influyes, le empecé a decir un día y me cortó: yo influyo capullo y añadió: yo perduro boñiga en medio de la vereda y así maduro los sueños en los que perduro. Se retiraba de vez en cuando del mundanal ruido y se hacía un ovillo. ¿Sabes?, me confesó un día, me oscurezco cuando no me reinvento. Amó, amó mucho pero nunca le pareció demasiado. Chocaba contra las esquinas de la vida y los tatuajes de las niñas. Se había liberado de algunos barrotes, incluidos los de su cerebro. Mermaba hasta convertirse en nemo. Se le desbordaba el alma en las noches de luna llena. Iba al encuentro de todo y a veces tenía algún encontronazo. Reunía en torno a sí a santos y a depravados, a fieras y a corderos, a chiflados y a cuerdos. Se desasosegaba porque se emocionaba y, claro, enfermaba. Le gustaba tocar los cojones, sobre todo a sus amigos; hombre, también le gustaba tocarse los cojones él mismo. Suscitaba, incitaba y, según algunas mujeres que lo conocieron, excitaba. Se cocía como todo hijo de vecino en su propio caldo del puchero. Se cuidaba de no consumar alguno de sus deseos. Iba y venía, se reía y así se entretenía, aunque también la cagaba de vez en cuando y el precio por sacar la pata era alto. Andaba siempre perdido, como colgado de un hilo. Acariciaba el brillo de esas tardes tontas papando moscas con los amigos. Se disolvía, bueno, era un disoluto tremendo. También se contenía, no se crean, entonces era el torbellino dentro. Decía de él que era un cenutrio, pellejo sobre un saco de huesos, su enemigo más fiero. Al final triunfó, ya difunto, pero así suele ser el asunto.

Espero que hayas disfrutado de la lectura de
este libro como yo disfruté de su escritura.

Como autor independiente, tus comentarios me
ayudan para seguir escribiendo libros libres como este.

¿Podrías dedicar un momento a dejar una reseña
honesta en Amazon? No hace falta que sea extensa,
un par de frases con lo que más te gustó ayudarán a
otros lectores a encontrar este libro.

El libro y yo te lo agradecemos.

AGRADECIMIENTOS

A Andrés Mencía, por el prólogo de este libro y por haberme ofrecido la oportunidad de publicarlo por primera vez en 2004 en Patrañas Ediciones.

A mis hermanos, Fernando y José Ignacio, como siempre, por su trabajo generoso e impecable en el diseño y la maquetación del libro para esta reedición.

A Marialuisa, por el camino compartido y su risa.

A los perros abandonados, por despertarme la compasión.

A ti, lector, lectora, por el tiempo que me has regalado leyendo estos microcuentos.

ÍNDICE

Para conocer otros libros
de Ricardo Sanz en Amazon,
escanea el código QR.

Made in the USA
Monee, IL
18 October 2026

66048472R00100